AF247190

Dr G. VARIOT

MÉDECIN EN CHEF DE L'HOSPICE DES ENFANTS ASSISTÉS A PARIS
FONDATEUR DE LA GOUTTE DE LAIT DE BELLEVILLE

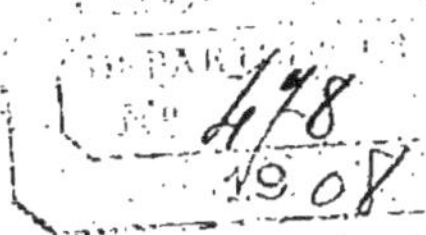

L'Hygiène Infantile

ALLAITEMENT MATERNEL ET ARTIFICIEL

SEVRAGE

PARIS
LIBRAIRIE HACHETTE ET Cie
79, BOULEVARD SAINT-GERMAIN, 79

1908

L'Hygiène Infantile

A LA MÊME LIBRAIRIE

OUVRAGES D'HYGIÈNE

Fichaux (E.), directeur d'école communale à Paris : *Petites leçons d'hygiène* à l'usage des Écoles primaires et des classes élémentaires des lycées et collèges, avec une préface par M. le Dr Brouardel, 1 vol. in-16, broché . . . . 60 c.

Lévy (Dr Armand) : *Petits entretiens d'hygiène pratique*, à l'usage des écoles et des familles. 1 vol. in-16, cartonné . . . . 1 fr. 50

Mangin, professeur au muséum d'histoire naturelle : *Principes d'hygiène*, conformes aux programmes officiels, à l'usage des classes de Philosophie et de Mathématiques A et B, 4e édit. revue et complétée. 1 vol. in-16 avec gravures, cartonné . . . . 3 fr.

Riant (D^r), ancien professeur d'hygiène à l'École normale d'instituteurs de la Seine : *Hygiène scolaire ;* 8e édit., 1 vol. in-16 avec 103 figures, broché . . . . 3 fr. 50

Dr G. VARIOT

MÉDECIN EN CHEF DE L'HOSPICE DES ENFANTS ASSISTÉS A PARIS
FONDATEUR DE LA GOUTTE DE LAIT DE BELLEVILLE

L'Hygiène Infantile

ALLAITEMENT MATERNEL ET ARTIFICIEL
SEVRAGE

PARIS

LIBRAIRIE HACHETTE ET Cie

79, BOULEVARD SAINT-GERMAIN, 79

1908

L'HYGIÈNE INFANTILE

CHAPITRE I

LA DÉPOPULATION DE LA FRANCE. NÉCESSITÉ DE VULGARISER L'HYGIÈNE INFANTILE

I

L'hygiène infantile négligée à tort.

Dans tous les pays civilisés, la sauvegarde de la vie des petits enfants est considérée comme un devoir social ; mais en France ce devoir prend un caractère impérieux, puisqu'il est malheureusement établi, par les statistiques les plus véridiques, que nous nous acheminons vers la dépopulation.

Cependant l'art d'élever les bébés, la *puériculture*, est encore bien négligé, et ce qu'a écrit à ce sujet Herbert Spencer, il y a plus de trente ans, est encore vrai. Après avoir constaté qu'en Angleterre on prenait beaucoup de soin pour élever les animaux domestiques, que la zootechnie était fort en honneur, ce grand penseur ajoutait : « Qui, dans les conversations d'après dîner, a jamais entendu dire un mot de l'élevage des enfants?... » et plus loin : « Si Gulliver eût raconté que les Lilliputiens rivalisaient entre eux pour élever le mieux possible les petits des autres créatures et ne se souciaient point du tout de savoir comment il fallait élever les leurs, cette absurdité eût semblé égale à toutes les autres absurdités qu'il leur impute... Ainsi qu'on l'a remarqué, la première condition du succès dans ce monde, c'est d'*être un bon animal*, et la première condition de la prospérité nationale, c'est que la nation soit formée de bons animaux[1]. »

L'Hygiène infantile a réalisé depuis vingt ans, et en France surtout, d'admirables progrès ; le moment est arrivé de les vulgariser dans la classe populaire, où la vie des nouveau-nés court les plus grands risques. Combien d'alarmes et combien de deuils évités aux jeunes mères, si elles savaient comment on doit soigner les nourrissons ! Le premier-né n'est que trop souvent la victime d'une ignorance fatale. — L'ensemble de tous ces deuils privés constitue la mortalité infantile.

II

La mortalité infantile en France.

Jusqu'à ces derniers temps, sur 850 000 naissances annuelles environ, nous perdions à peu près 142 000 enfants de 0 à un an : en un mot, notre mortalité infantile, dans la première année de la vie, égalait 16 p. 100. En 1906, cette mortalité est tom-

---

[1] De l'*Education intellectuelle, morale et physique*, par Herbert Spencer. (Traduction française, Paris, 1882.)

bée à 14 p. 100, mais la situation ne s'est pas améliorée, puisque le chiffre des naissances s'est abaissé en 1906 à 806 847 : la natalité a donc fléchi en même temps que la mortalité infantile.

Dans cette même année 1906 on a enregistré en France 780 796 décès; l'excédent des naissances sur les décès égale 26 651 ; cet excédent est le plus faible qui ait jamais été observé dans notre pays; il suffirait que quelques départements bretons, tels que le Finistère, cessassent de se surpeupler, pour que nous soyons en pleine dépopulation. D'ailleurs un bon nombre de départements, tels que l'Yonne, la Côte-d'Or, etc., perdent déjà plusieurs milliers d'habitants à chaque recensement; les décès l'emportent constamment sur les naissances. Pour l'année 1907 le mouvement de la dépopulation en France s'est accéléré au point de constituer une calamité publique ; le chiffre des décès l'emporte de près de 20 000 sur celui des naissances.

A juger superficiellement les choses, on pourrait croire que l'accroissement continu et rapide de la population à Paris peut compenser les pertes de la province. En réalité, la population parisienne proprement dite diminue; ce n'est que par immigration, par le drainage des départements que la population augmente dans notre capitale.

Voici des statistiques officielles de M. Jacques Bertillon qui le prouvent :

Pour l'année 1907, on a noté à Paris, pour une population de 2 722 731 habitants, au dernier recensement de 1906 :

Naissances 50 811
Décès. 50 499
    Excédent des naissances sur les décès. .   312

Mais cet excédent très faible de naissance sur les décès n'est qu'apparent, puisque chaque année 16 000 enfants nouveau-nés sont envoyés en province pour y être élevés par des nourrices. Si l'on tient compte de la mortalité de ces nourrissons, le nombre des décès *l'emporte très notablement* à Paris sur le nombre des naissances.

La natalité s'abaisse progressivement à Paris et d'une manière tout à fait effrayante.

En 1862, la capitale comptait 1 721 867 habitants et on relevait :

Naissances 52 313
Décès. 42 185
    Excédent des naissances sur les décès. . 10 127

Or la population de Paris s'est accrue depuis 1862 de un million d'habitants et le nombre des naissances, bien loin d'augmenter *proportionnellement*, s'est abaissé de près de 2 000 unités.

III

Le mouvement de la population dans les autres nations d'Europe.

Ces constatations sont d'autant plus désolantes pour l'avenir et la grandeur de notre pays, que dans aucune autre nation d'Europe ni du monde entier, on n'observe un pareil mouvement de dépopulation. La situation de la France, à cet égard, est monstrueuse.

Si l'on compare le mouvement de notre population française à celui de notre voisine de l'Est, de l'Allemagne, on constate que, de 1886 à 1900, l'accroisse-

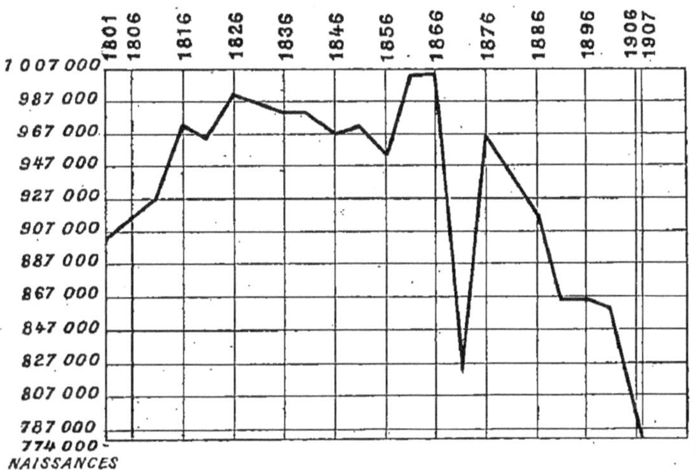

Fig. 1. — Graphique publié par M. Messimy représentant le mouvement de la natalité en France pendant tout le xixᵉ siècle et le commencement du xxᵉ. Depuis 1876 le chiffre annuel des naissances s'est abaissé de près de 200.000.

ment annuel de la population, eu égard au chiffre des habitants, a été *dix fois* plus faible en France que dans l'empire allemand.

12,5 au lieu de 125, pour 10 000 habitants.

En Allemagne, l'excédent des naissances sur les décès a dépassé 800 000 par année ; nous avons relevé qu'en France, pour 1907, il y a au contraire un excédent de près de 20 000 décès sur les naissances.

C'est ce qui nous explique que la population de

l'Allemagne, qui était seulement de 44 000 000 en 1871 est arrivée maintenant à 63 000 000 d'habitants, tandis que la nôtre reste à peu près stationnaire.

L'accroissement si rapide de la race germanique sur notre frontière de l'Est, n'a-t-il pas quelque chose de menaçant pour la race française, dont la natalité semble s'éteindre ?

Ni la médecine, ni l'hygiène ne peuvent rien pour relever le taux de la natalité ; cette grave question est du ressort des pouvoirs publics. Notre rôle est plus modeste, mais cependant encore efficace : nous devons chercher à lutter de toutes nos forces contre la mortalité, en utilisant les conquêtes scientifiques pour prévenir les maladies et pour les guérir. C'est là tout l'art médical. — La lutte contre les grands facteurs morbides, tels que la tuberculose, l'alcoolisme, l'insalubrité des habitations, commence à s'organiser dans tous les grands centres ; mais à aucun âge de la vie, on ne parviendra à sauver un aussi grand nombre d'existences que dans la première année qui suit la naissance.

Chez nous, alors que la vie humaine est devenue si précieuse puisqu'elle est si rare, nous perdons encore trop d'enfants, et il serait relativement aisé d'abaisser notre mortalité infantile, déjà réduite à 14 p. 100 environ.

D'après les tables de Bodio, on voit que la mortalité infantile est moindre dans d'autres pays qu'en France.

Elle n'est que de. . . . . . 8 p. 100 en Norvège.
  —   — . . . . . . 9 — en Irlande.
  —   — . . . . . . 12 — en Écosse.

IV

L'abaissement de la mortalité infantile à Paris.

Mais nous avons la preuve directe à Paris, que l'on peut abaisser considérablement la mortalité infantile, en vulgarisant, par tous les moyens, les progrès admirables de l'hygiène du premier âge.

En 1886, à Paris, la mortalité infantile était de 16 p. 100; en 1901, toutes choses égales d'ailleurs, cette mortalité est tombée à 12 p. 100, soit une réduction de un quart. L'abaissement des décès est dû surtout à la diminution du nombre des enfants morts par diarrhée, par gastro-entérite. C'est donc bien aux perfectionnements de l'hygiène du premier âge que l'on doit imputer ces résultats. La création des *Gouttes de lait*, des consultations pour contrôler l'élevage des bébés et pour distribuer du lait stérilisé de bonne qualité aux mères qui ne peuvent allaiter elles-mêmes, la vulgarisation de l'hygiène infantile par de grandes conférences populaires, la distribution dans les mairies de brochures contenant des instructions précises sur l'élevage des enfants, l'accroissement des services des maternités, etc., toutes ces innovations émanant des médecins français et favorisées par le Conseil municipal de Paris ont produit des effets immédiats, c'est-à-dire la réduction de plus du quart dans la mortalité infantile. — On a réalisé un gain net de plusieurs milliers de vies dans la première année.

Ces premiers succès doivent nous donner une grande confiance pour poursuivre la lutte contre la mortalité infantile, non seulement à Paris, mais dans toute la France. Sans doute, les institutions, les méthodes nouvelles pour défendre la vie des nourrissons ne peuvent être transportées telles quelles, dans les petites villes et dans les campagnes ; mais on doit s'efforcer de les adapter dans les milieux sociaux variés, puisque nous avons la preuve absolue de leur efficacité.

D'ailleurs, certaines de nos institutions ont déjà été imitées par les étrangers ; la *Goutte de lait* française, où l'on s'efforce de sauver la vie des enfants au biberon, qui est plus menacée, est devenue la *Gota de leche* des Espagnols, le *Milk-depot* des Anglais, le *Municipal Milchküche* des Allemands (cuisine municipale du lait).

V

L'enseignement de l'hygiène infantile. Complément de l'instruction des filles.

Nous sommes donc orientés dans la bonne voie pour la sauvegarde de la première enfance et nous pouvons, nous devons même faire appel à toutes les bonnes volontés et spécialement aux institutrices et aux maîtresses pour nous aider à diffuser, parmi les jeunes filles, les notions essentielles de l'hygiène infantile. Il faut faire pénétrer de bonne heure dans les jeunes intelligences, les procédés pratiques que la science nous a enseignés pour l'alimentation des nouveau-nés, aussi bien ceux nourris au sein que ceux élevés au biberon. — L'hygiéniste ne peut avoir pour cet objet de meilleur auxiliaire que l'institutrice, qui a déjà su gagner la sympathie et la confiance de ses élèves pendant la période scolaire proprement dite.

La vulgarisation de l'hygiène infantile est assez simple et les préceptes à apprendre aux jeunes filles ne sont pas bien compliqués, mais cependant cet enseignement soulève quelques objections, en ce qu'il touche aux mœurs familiales, à la pudeur, etc., qui sont profondément respectables.

On a déjà tenté à Paris, d'apprendre la puériculture aux élèves les plus grandes, avant qu'elles ne quittent l'école primaire, c'est-à-dire avant l'âge de douze ans. — Je crois que de telles leçons seraient souvent prématurées ; dans notre race l'évolution de la crise de la puberté n'est pas achevée à cet âge, et un bon nombre de mères de famille, retenues par les traditions, n'accepteraient pas volontiers qu'on enseignât si tôt à leur fille, comment on doit allaiter les bébés au sein, dans quelles conditions se fait la sécrétion du lait, etc. D'ailleurs, les fillettes qui ont joué, il est vrai, à la poupée, sont-elles vraiment préparées pour profiter des leçons de puériculture? Est-ce bien le moment de leur parler, comme on l'a fait, de la nourrice mercenaire et de son avilissement? Il faudrait qu'il y eût un changement dans nos mœurs pour que la puériculture fût acceptée dans les exercices scolaires proprement dits.

J'estime que la vulgarisation de l'hygiène infantile doit être un enseignement *post-scolaire* et s'adresser aux jeunes filles de quinze à seize ans, ou même aux jeunes mères inexpérimentées. — On pourrait organiser des *conférences d'éducation maternelle*, ou bien le soir, ou bien les jours de congé et y convier les jeunes filles, celles qui fréquentent les patronages, les œuvres post-scolaires, etc. Dans les collèges, lycées, écoles normales, etc., rien ne s'oppose à la diffusion de la puériculture parmi les grandes jeunes filles. Tous les médecins qui ont pris la peine de faire des conférences populaires aux mères et aux jeunes filles ont été très suivis; c'est que cet enseignement correspond à un besoin. D'ailleurs, dans les grandes villes, où l'inspection médicale scolaire fonctionne, on pourrait faire appel au médecin inspecteur pour inaugurer les leçons de puériculture et pour les patronner en quelque sorte. Dans les petites villes et dans les campagnes, il est probable que le corps médical s'intéresserait à cette vulgarisation de l'hygiène infantile. Dans les localités où il existe des crèches pour recueillir temporairement les nourrissons, on pourrait en profiter pour donner quelques leçons pratiques aux jeunes élèves.

L'institutrice deviendrait ainsi l'auxiliaire de l'hygiéniste en organisant des *conférences d'éducation maternelle*, et ce serait là un rôle complémentaire vraiment digne d'elle.

CHAPITRE II

LES BIENFAITS DE L'ALLAITEMENT MATERNEL

I

Nécessité absolue d'élever les enfants au sein.

« Si quelque chose est capable de nous donner une idée de notre faiblesse, a dit Buffon, c'est l'état dans lequel nous nous trouvons immédiatement après la naissance. »

Voyez, en effet, comme le nouveau-né est petit, frêle et vulnérable ; il remue ses membres, mais il est impuissant à se déplacer ; il ne peut conserver sa vie par ses propres moyens ; il pousse des cris pour appeler sa mère, dont il est absolument dépendant, et sa dépendance durera une année, et plus.

Lorsqu'il est très beau, le bébé qui vient de naître pèse de 7 livres et demie à 8 livres, plus souvent il ne dépasse pas 3 kilos, quand il les atteint. On voit des enfants venir avant leur terme qui ne pèsent que 1200 à 1500 grammes. Ce sont de véritables larves humaines qu'on ne parvient à élever qu'en les plaçant dans des couveuses pour les défendre du froid et en leur faisant couler goutte à goutte du lait dans la bouche.

Le nouveau-né, qui vient au monde si dépourvu de tout, doit recevoir le lait et les soins de sa mère ; l'allaitement maternel est la meilleure sauvegarde de la vie dans le premier âge.

On ne saurait faire trop d'efforts pour imprimer cet axiome, fondamental en hygiène infantile, dans

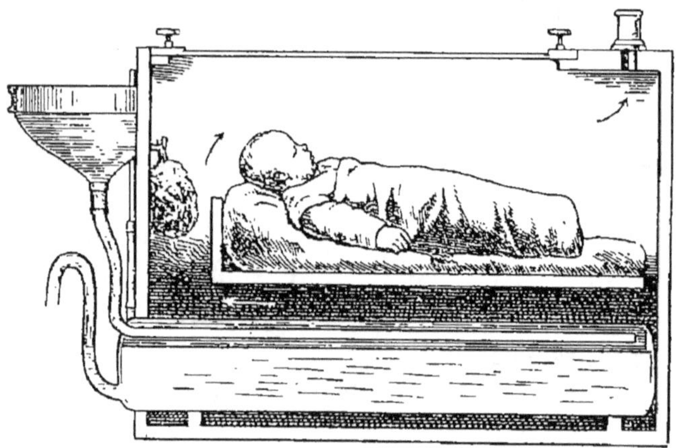

Fig. 2. — Coupe de la couveuse à cylindre.

l'esprit des jeunes filles et des jeunes femmes. Mais, dira-t-on peut-être, c'est là un truisme, et toutes les mères savent bien que leur premier devoir est de nourrir leurs enfants. Cependant, un bon nombre de jeunes femmes de la campagne vont se placer comme nourrices sur lieu, dans les familles riches, abandonnant leur propre enfant à des soins étrangers ; dans les villes, un bien plus grand nombre de mères renonçant à allaiter elles-mêmes, font élever leurs enfants au biberon, ou même les confient à des éleveuses mercenaires. Chaque année, à Paris, sur 50 000 naissances, environ 16000 nouveau-nés sont expédiés dans les départements pour y être élevés, loin de leurs parents, et presque toujours au biberon, parce que ce mode d'élevage est le moins dispendieux.

Or, je ne crains pas de le dire, malgré toutes les mesures prises pour défendre la vie des enfants placés en nourrice, malgré la surveillance médicale édictée par la loi Roussel, le bébé privé du lait et des soins de sa mère court de grands risques, et l'on réduirait beaucoup la mortalité infantile si l'on parvenait à réformer les pratiques inhumaines entrées dans nos mœurs, qui aboutissent à séparer les mères de leurs bébés.

II

Plaidoyer de Rousseau pour l'allaitement maternel.

Dans ce but, que l'on fasse valoir les arguments d'ordre moral ou social, que l'on relise par exemple, dans l'*Emile,* de J.-J. Rousseau, l'admirable plaidoyer en faveur de l'allaitement maternel, déjà délaissé de son temps : « Depuis que les mères, méprisant leur premier devoir, n'ont plus voulu nourrir leurs enfants il a fallu les confier à des femmes mercenaires qui, se trouvant ainsi mères d'enfants étrangers, pour qui la nature ne leur disait rien, n'ont cherché qu'à s'épargner de la peine... Mais que les mères daignent nourrir leurs enfants, les mœurs vont se réformer d'elles-mêmes, les sentiments de la nature se réveiller dans tous les cœurs, l'État va se repeupler. L'attrait de la vie domestique est le meilleur contre-poison des mauvaises mœurs. Le tracas des enfants, qu'on croit importun, devient agréable, il rend le père et la mère plus nécessaires, plus chers l'un à l'autre, il resserre entre eux le lien conjugal. »

III

La nourrice mercenaire. La Remplaçante.

Il faut que les filles de la campagne qui, plus tard, tentées par l'appât du gain, pourraient songer à vendre leur lait, sachent bien que leur lait appartient cependant à leur propre enfant, et que le métier de remplaçante est avilissant. M. Brieux a écrit sur ce sujet des pages bien éloquentes, et nous devons lui savoir gré d'avoir, par sa pièce de théâtre des *Remplaçantes*, fait baisser de 8 000 à 5 000 le nombre des nourrices mercenaires placées dans les familles riches chaque année à Paris.

Cette réduction de l'industrie nourricière a eu certainement un contre-coup heureux pour bon nombre de bébés, qui ont pu recevoir ainsi le sein de leur mère.

Sauf des circonstances exceptionnelles, par exemple si la mère a perdu son enfant, il devrait être interdit aux femmes de se placer comme nourrices sur lieu, à moins qu'elles n'aient déjà élevé leur bébé jusqu'à huit ou dix mois, c'est-à-dire à l'époque du sevrage.

Autant il est naturel qu'une femme robuste, qui a déjà nourri son propre enfant avec succès jusqu'à huit ou dix mois, consente à se charger d'un autre nourrisson, si sa lactation est encore assez abondante, autant il est inhumain qu'une jeune mère, délaissant son bébé dès sa naissance, ou dès les premiers mois, aille vendre son lait pour un enfant plus riche.

C'est là un commerce illicite qui devrait être prohibé rigoureusement. D'ailleurs, dans d'autres pays du nord de l'Europe qui ne sont pas moins prospères que la France, et où la dépopulation ne se fait pas sentir comme chez nous, en Suède, en Norvège, en Ecosse, etc., l'usage des nourrices sur lieu est inconnu. Il n'y a même pas de bureau de nourrices à Edimbourg. L'habitude de recourir aux *remplaçantes* en France, loin de faire baisser la mortalité infantile globale, ne peut que la faire monter, puisque les enfants des nourrices sont mal soignés et meurent souvent dans les premiers mois.

Dans les villes et surtout dans les villes industrielles, il sera aisé de montrer à quels chagrins s'exposent les jeunes mères imprudentes qui continueront à fréquenter l'atelier sans chercher à nourrir leur bébé. On le leur rapportera souvent de nourrice dans un état lamentable, il leur faudra des mois pour restaurer sa santé, tandis qu'il aurait poussé comme un petit champignon si elles lui avaient donné le sein : heureux même si un deuil ne vient pas assombrir les premières années du mariage.

De grandes facilités sont accordées dans certaines administrations de l'Etat pour que les jeunes mères puissent allaiter elles-mêmes ; il faut donc qu'elles en profitent.

IV

Les mutualités maternelles.

Il faut s'efforcer de faire connaître les mutualités maternelles, qui se sont propagées ces derniers temps et qui rendront dans l'avenir d'immenses services aux femmes nécessiteuses, en leur permettant de prendre un repos complet durant le mois qui précède et durant le mois qui suit l'accouchement. Moyennant un versement mensuel modique, la femme recevra une indemnité suffisante pour qu'elle puisse cesser son travail, arriver tranquillement au terme de sa grossesse, accoucher et donner le sein elle-même à son enfant.

Les organisateurs des mutualités maternelles ont déjà relevé que le chiffre de la mortalité infantile avait très notablement fléchi partout où ces institutions nouvelles ont commencé de fonctionner.

V

Mortalité comparative des enfants au sein et au biberon.

Enfin, comme les chiffres ont leur éloquence, pour apprécier la supériorité écrasante de l'allaitement maternel sur l'allaitement artificiel, on devra mettre en parallèle les résultats suivants :

Mortalité de 0 à 1 an chez les enfants élevés au sein à la campagne, par leur mère : 4 p. 100. Cette proportion a été relevée par moi sur cinq cents nourrices venant après huit ou dix mois chercher des nourrissons au sein à l'hospice des Enfants Assistés de Paris.

Mortalité de 0 à 1 an chez des enfants élevés au biberon, à la campagne, par des nourrices mercenaires : 30 p. 100 (Enquête de M. Pinard).

La mortalité infantile globale, parmi les enfants au sein et au biberon, pour toute la France, n'atteint pas 14 p. 100.

En somme, il meurt presque dix fois plus de bébés séparés de leur mère, nourris par des éleveuses mercenaires, que d'enfants qui reçoivent le sein.

Si l'on parvient à faire passer dans l'esprit des jeunes filles la conviction que l'allaitement maternel est la vraie sauvegarde des bébés, on aura enseigné le principe essentiel de la puériculture.

La mère ne doit renoncer à nourrir que si elle est dans l'impossibilité physique de le faire, et sur l'avis du médecin.

CHAPITRE III

L'ALLAITEMENT MATERNEL

I

Les vertus nutritives du lait de la mère.

Le lait, qui est sécrété dans les glandes mammaires
de la femme est le seul aliment qui convienne parfaitement au bébé durant les premiers mois de la vie.
On vante, dans les réclames commerciales, des mix-
tures, des farines qui sont des *succédanés* du lait de
femme ; il ne faut pas se laisser prendre à ces annonces
trompeuses. Le lait des animaux, et spécialement le
lait de vache, est l'aliment qui se rapproche le plus
du lait de femme, mais ne le vaut pas. Les femelles
de chaque espèce animale ont un lait dont la composition spéciale est adaptée au fonctionnement du
tube digestif de leurs petits.

Les organes digestifs et d'assimilation du nourrisson sont encore incomplètement développés ; il faut
donc bien se garder de lui donner des aliments qui
pourraient convenir à un enfant plus âgé ou à un
adulte, tels que des bouillies féculentes, de la soupe
au pain, etc. ; il pourrait en résulter des troubles
graves. La nature a préparé dans les seins de la mère

la ration la mieux appropriée au nouveau-né, contenant les principes nutritifs les plus assimilables, pour
lui et dans la proportion convenable.

La sécrétion du lait s'annonce, pendant la grossesse, par une tuméfaction un peu sensible des seins ;
la glande se développe et, dans les cellules profondes
des culs-de-sac, se forment les globules du beurre qui
donneront au lait son aspect blanc, la caséine ana-
logue à celle qui produit le fromage du lait de vache,
et le lactose, sorte de sucre qu'on trouve aussi dans le
petit-lait.

II

Composition du lait de femme.

Voici la composition chimique du lait de la femme,
d'après une analyse empruntée à M. Armand Gautier [1] :

Composition moyenne du lait de femme.

Densité 1,030.

Eau	874,1
Caséine	10,3
Albumine	12,6
Beurre.	37,8
Lactose	62,1
Sels minéraux	3,1
Résidu fixe.	125,9

De même que l'embryon du poulet trouve dans
l'œuf toutes les substances qui sont nécessaires à son

[1] *L'alimentation et les régimes,* par Armand Gautier, membre de
l'Institut.

développement, de même l'enfant, qui a emprunté, durant la vie fœtale, les matériaux de son accroissement au sang de sa mère par l'intermédiaire du placenta, continuera à puiser encore dans le lait tout ce qui lui est nécessaire.

La caséine et les albuminoïdes seront pour lui des aliments plastiques qui serviront à la formation de ses tissus et de ses organes. Le beurre est une substance grasse, riche en calories, qui, avec le lactose, un hydrate de carbone, subviendront à la calorification du nourrisson. Il faut, dans les premiers temps de la vie, beaucoup de combustible, qu'on me passe l'expression, pour entretenir la chaleur du corps normale à 37° ; c'est pourquoi proportionnellement à leur poids et à leur taille, les jeunes enfants consomment une quantité énorme d'aliments, si on les compare à des adultes.

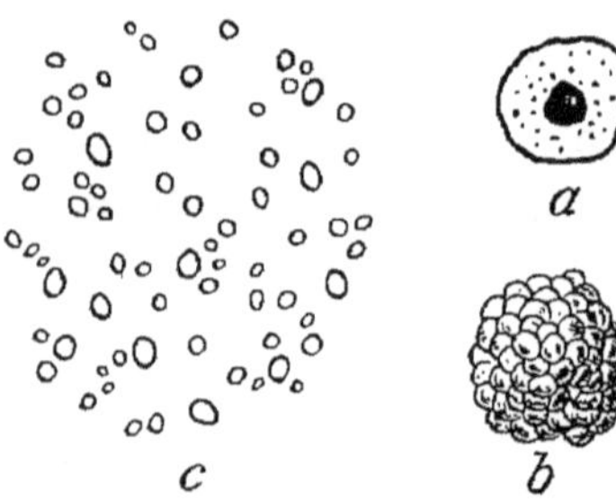

Fig. 3. — Formation des globules du lait.

a, Cellule dans laquelle se formeront les globules de lait. — *b*, Accumulation des globules de lait. — *c*, Globules désagrégés tels qu'ils flottent dans le lait.

III

La montée du lait dans les seins.

Le lait est monté dans les seins quarante-huit heures ou trois jours après l'accouchement. En attendant la montée du lait on pourra faire téter l'enfant pour qu'il façonne, qu'il modèle le bout du sein avec sa bouche, formant ventouse. La force de succion du nouveau-né est très grande ; il suffit, pour s'en rendre compte, d'introduire le petit bout du doigt entre ses lèvres.

Pendant vingt-quatre ou quarante-huit heures après sa naissance, le bébé rend par l'intestin des matières un peu brunes, qui ressemblent plus ou moins à du goudron, c'est le *meconium* ; il suffira de lui donner pendant un jour ou deux quelques cuillerées d'eau bouillie sucrée ou de lait stérilisé coupé d'eau bouillie. Il arrive parfois que la montée du lait se fasse attendre un peu plus longtemps. Les jeunes mères ne devront pas se décourager,

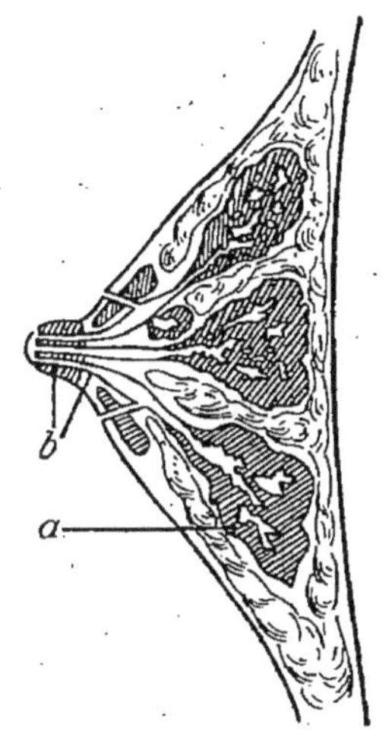

Fig. 4. — Coupe schématique d'une glande mammaire de femme.

a, partie qui sécrète le lait. — *b*, conduit galactophore par où le lait s'écoule.

elles remettront avec patience leur nourrisson au sein ; la succion est le meilleur stimulant de la sécrétion du lait ; qu'elles continuent avec confiance à faire téter leur enfant, car l'agalactie, c'est-à-dire la privation complète de lait, est une grande exception ; d'après les statistiques des accoucheurs, il n'y aurait pas 5 p. 100 des femmes qui seraient incapables d'allaiter.

Lorsque le bout du sein (le mamelon) est bien conformé, ce qui est la règle, la bouche de l'enfant s'y adapte exactement, la langue fait piston et attire le lait des canaux galactophores, qui vient jaillir en petits jets. On entend alors l'enfant faire des mouvements de déglutition, indiquant que la montée du lait se fait bien.

Il faut faire téter chacun des seins successivement, et ne pas laisser suçoter les enfants trop longtemps, car on risque les crevasses et les fissures, qui sont fort douloureuses. Avant et après chaque tétée, on lavera le bout du sein avec un tampon de coton hydrophile, imprégné d'eau bouillie, ou, mieux encore, d'eau bouillie aiguisée d'un peu d'eau-de-vie. La propreté des bouts de sein doit être maintenue rigoureusement pour éviter les abcès. Si des fissures venaient à se produire ou si le mamelon n'était pas assez saillant pour être saisi facilement, on serait obligé d'employer une petite ventouse spéciale, qu'on appelle le tire-lait ou la téterelle.

Fig. 5. — Tire-lait ou Téterelle Bailly, en verre avec tétine en caoutchouc

Il est très important de ne pas donner un sein à l'exclusion de l'autre, car la sécrétion du lait cesse d'être normale dans celui qui n'est pas vidé régulièrement. Beaucoup de femmes ont la glande mammaire gauche plus forte que la droite ; c'est qu'elles y mettent plus souvent leur nourrisson, probablement parce que cela leur est plus commode.

CHAPITRE IV

CONSEILS POUR L'ALLAITEMENT AU SEIN.
LE RÉGLAGE DES TÉTÉES. LA PESÉE DES ENFANTS.
L'ALLAITEMENT MIXTE.

I

**L'enfant ne prendra qu'un seul sein les premières
semaines.**

La lactation est une fonction aussi naturelle chez la
mère que l'est chez le bébé l'acte de la succion pour
téter. Il est encore bien plus rare de rencontrer des
nouveau-nés inaptes à prendre le sein, que de voir
la montée du lait dans les glandes mammaires ne pas
avoir lieu. Néanmoins lorsque les enfants naissent
prématurément, ils peuvent être si faibles que leurs
lèvres n'ont pas la force de serrer le mamelon et d'ex-
traire le lait des seins pendant une semaine ou deux;
il faut alors que le lait soit trait dans une cuillère et
qu'on le fasse couler en quelque sorte dans la bouche
de l'enfant pour qu'il l'avale.

Presque toujours le bébé saisit avidement le sein;
dès la naissance l'instinct le guide et il est plutôt
nécessaire de le retenir que de l'exciter. Si on met le
nouveau-né successivement aux deux seins, il arrive
qu'il régurgite peu de temps après la tétée, parce qu'il

a absorbé une quantité excessive de lait; il a distendu outre mesure son petit estomac. Pendant les premières semaines après la naissance, il est donc préférable de ne faire téter qu'un seul sein si la mère est bonne nourrice. Quand le lait monte outre mesure dans le sein opposé, par une pression douce sur le mamelon, on fera écouler le surplus au dehors. Si au contraire la sécrétion du lait est plus lente, on fera téter les deux seins coup sur coup.

II

La capacité de l'estomac du nouveau-né.

La capacité physiologique de l'estomac est très faible les premiers jours; 30 à 50 grammes de lait suffisent à le remplir; si l'on excède cette quantité, le vomissement sera la conséquence de l'intolérance gastrique. Il est très important d'éviter cette surcharge de l'estomac, car des troubles sérieux de surali-mentation, et notamment la diarrhée, peuvent s'en-suivre.

Les mères ont presque toutes une tendance à croire que leurs enfants ne sont pas assez nourris, et qu'ils se développeront d'autant plus vite qu'ils prendront plus souvent le sein. Grave erreur! Dès qu'un bébé pousse des cris, on s'imagine qu'il a faim, même s'il vient de téter, comme s'il ne criait que lorsqu'il a besoin de nourriture. Souvent les enfants crient au contraire, parce qu'ils ont pris une tétée trop forte et parce qu'ils en sont incommodés; d'autres fois, ils sont mal emmaillotés, trop serrés, ils veulent être changés de position et ils s'apaisent dès qu'ils sont tenus entre les bras.

Je dirai plus loin quel admirable instrument est la balance, le pèse-bébé, autrement dit, pour suivre et contrôler la croissance; dès les premiers temps de l'allaitement, si l'on a des doutes sur la quantité de lait que l'enfant prend au sein, qu'on le mette tout vêtu sur le plateau avant et après la tétée et l'on connaîtra ainsi, par différence, la quantité de lait qu'il aura ingérée. Neuf fois sur dix, l'indication ainsi fournie sera que la ration du nourrisson est suffisante.

Si l'on ne veut pas que les enfants soient dyspeptiques, c'est-à-dire aient les fonctions digestives troublées, il faut espacer régulièrement les prises de lait au sein.

III

Le nombre et les intervalles des tétées.
La suralimentation.

La première semaine, comme la capacité de l'estomac est encore faible, on pourra donner sept tétées dans la journée, à intervalle de deux heures chacune : une tétée dans la nuit devra suffire. Si le bébé fait un somme de trois heures entre deux tétées, on ne l'éveillera pas, il boira un peu plus, lorsqu'il reprendra le sein.

Autant que possible, il faut régler les enfants de bonne heure pendant la nuit, aussi bien pour la régularité de leurs fonctions digestives que pour la tranquillité de la mère et du père.

Dans les premiers jours qui suivent la naissance, quelques bébés ont une tendance à dormir tout le jour et restent éveillés la nuit. Il faut, pour que cette tendance ne devienne pas une mauvaise habitude, les réveiller le jour pour téter.

Avec de la volonté, les jeunes mères qui nourrissent, arriveront aisément à régler leurs enfants ; il faut cependant tenir compte des conditions de la vie sociale. Bien souvent, à la Goutte de lait de Belleville, j'ai entendu des femmes me répondre lorsque je les exhortais à ne pas donner le sein la nuit : mais, monsieur, mon mari qui a travaillé toute la journée a besoin de se reposer et je donne à boire au petit pour qu'il ne réveille pas son père ; ou encore, les voisins se plaignent quand ils entendent crier la nuit. Les cloisons qui séparent les logements des ouvriers à Paris sont minces.

Quoi qu'il en soit, on peut affirmer que les tétées nocturnes ne sont pas nécessaires, elles ne sont même pas utiles, sauf si les enfants sont débiles et sauf dans les deux premières semaines ; l'on voit même déjà les bébés s'en passer.

Après quinze jours, on espacera les tétées toutes les deux heures et demie ; la sécrétion du lait dans les glandes mammaires devenant plus active en même temps que la capacité de l'estomac du nourrisson s'accroît, sept tétées en vingt-quatre heures suffiront. A quatre ou cinq mois, on pourra ne mettre l'enfant au sein que toutes les trois heures et réduire les tétées à cinq ou six par vingt-quatre heures ; d'ailleurs à mesure que l'enfant avance en âge, la quantité d'aliments qui lui est nécessaire devient moindre, calculée proportionnellement à son poids.

Qu'un nourrisson soit *suralimenté*, c'est-à-dire qu'il ingère trop de lait, ou qu'il soit *inanitié* par insuffisance de lactation de la mère, le résultat sera le même, il n'augmentera pas de poids ni de taille, comme il devrait le faire normalement ; la croissance, qui est la résultante essentielle de toutes les fonctions, sera entravée.

Tout bébé qui ne s'accroît pas doit être considéré comme insuffisamment nourri ou comme malade.

IV

La pesée des bébés. Table de croissance.

Il faut peser les enfants régulièrement, car la balance donne les renseignements les plus précis sur le mouvement de la nutrition. Elle permet d'enregistrer les variations de poids quotidiennes.

Tous les poids doivent être notés jour par jour sur un carnet, et les mères soigneuses, à l'aide de ces séries de poids, dressent des *courbes graphiques* qui leur permettent de suivre la croissance de leur enfant et de vérifier si elle se rapproche de la courbe type.

Voici un tableau dressé par Bouchaud et qui devra servir de terme de comparaison. Les chiffres qu'il contient résultent d'une moyenne calculée sur un

très grand nombre de nourrissons ; ils ne s'appli-
quent ni aux débiles, ni aux enfants en anticipation
de croissance.

Croissance en poids et en taille des douze premiers mois.

AGE	POIDS	TAILLE
Naissance	3 kg. 250	0 m. 50
1 mois	4 kg. »	0 m. 54
2 —	4 kg. 700	0 m. 57
3 —	5 kg. 350	0 m. 60
4 —	5 kg. 950	0 m. 62
5 —	6 kg. 500	0 m. 63
6 —	7 kg. »	0 m. 64
7 —	7 kg. 450	0 m. 65
8 —	7 kg. 850	0 m. 66
9 —	8 kg. 200	0 m. 67
10 —	8 kg. 500	0 m. 68
11 —	8 kg. 750	0 m. 69
12 —	8 kg. 950	0 m. 70

On voit quelle est la progression très rapide du
développement dans les premiers temps de la vie. A
cinq mois, le bébé a *doublé* son poids de naissance,
il l'a *triplé* environ à un an. Dans les premiers mois,
l'accroissement de poids quotidien est de 25 à
30 grammes par jour, 150 à 200 grammes par semaine,
6 à 700 grammes par mois environ.

La balance devient quelquefois pour les mères une
source de tracas parce qu'elles ne savent pas inter-
préter les pesées ; elles s'alarment si d'un jour à
l'autre elles voient l'enfant perdre 30 ou 40 grammes.

Les variations quotidiennes minimes n'ont pas une
valeur absolue, elles peuvent tenir à ce que les déjec-

tions sont plus ou moins abondantes, à ce que les tétées auront été plus ou moins fortes, et le lende-

TAILLE	POIDS	1	2	3	4	5	6	7	8	9	10	11	12	13	14	15	16	17	18	19	20	21	22	23	24	25	26	27	28	29	30	31
58	4,600																															
	4,500																															
57	4,400																															
	4,300																															
56	4,200																															
	4,100																															
55	4,000																															
	3,900																															
54	3 800																															
	3 700																															
53	3,600																															
	3,500																															
52	3,400																															
	3,300																															
51	3,200																															
	3,100																															
50	3,000																															
	2,900																															
49	2,800																															
	2,700																															
48	2,600																															
	2,500																															
47	2,400																															
	2,300																															
46	2,200																															
	2,100																															
45	2,000																															
	1,900																															
44	1,800																															

Fig. 6. — Feuille quadrillée pour enregistrer le poids et la taille des bébés pendant les deux premiers mois de la vie. Elle peut aussi servir à suivre l'accroissement des enfants débiles ne pésant que 1 800 grammes à la naissance.

main l'enfant regagnera d'un coup le poids qu'il aurait dû prendre.

C'est à la fin de la semaine qu'il faudra établir le bilan nutritif par un petit calcul global. Les enfants doivent être mis nus sur le plateau du pèse-bébé après ou avant le bain à 36° qui doit leur être donné chaque jour.

V

Utilité de toiser les nourrissons.

Il est peu habituel de mesurer la croissance des
enfants en longueur, de prendre leur taille, parce
qu'il est plus malaisé de les toiser que de les peser.

Fig. 7. — Pédiomètre du Dr Variot.

Cet instrument permet d'enregistrer le poids et la taille des bébés aussi bien que
des grands enfants.
La toise est articulée au 0 sur la bascule et peut fonctionner horizontalement ou
verticalement suivant que l'on mesure les enfants couchés ou debout.

Le nourrisson fléchit ses petites jambes, est toujours
en révolte; il faut deux personnes pour le toiser, l'une
qui fixe la tête au 0, l'autre qui étend les jambes et
fait mouvoir le curseur sur la règle graduée horizon-
tale.

Cependant il peut être nécessaire, surtout lorsque

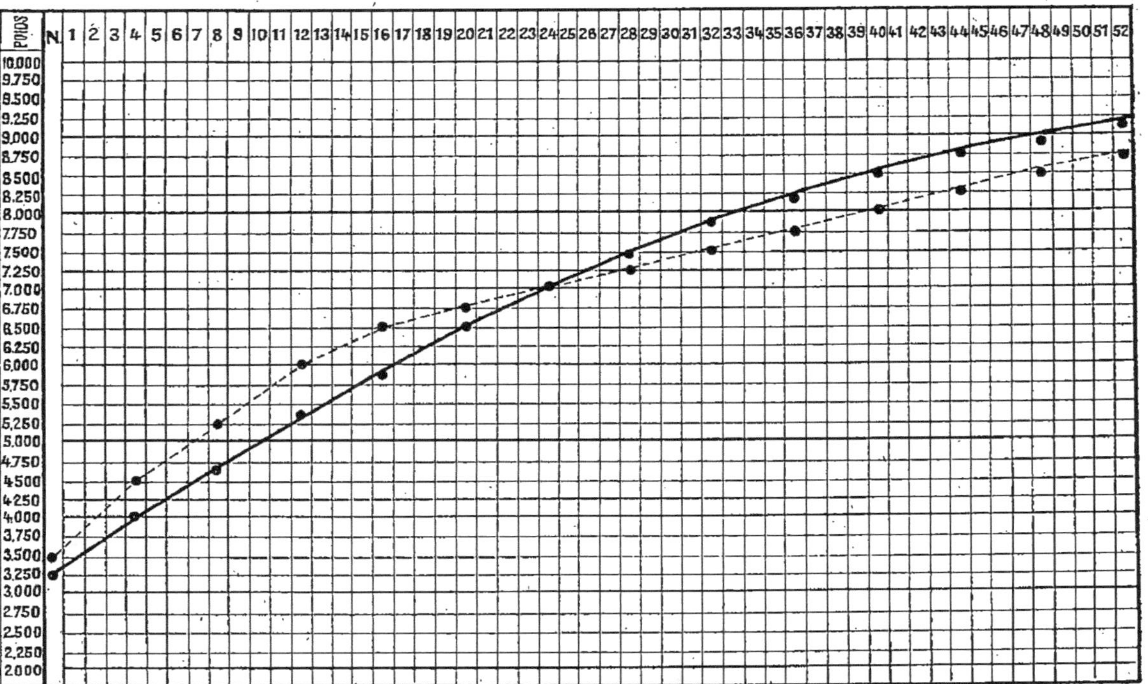

Fig. 8. — Graphique pouvant servir à enregistrer le poids et la taille du bébé au cours de la première année.

la croissance est anormale, d'enregistrer la taille ; on relève alors chez les enfants retardés dans leur développement à la suite de troubles plus ou moins prolongés des fonctions digestives, une véritable *dissociation de la croissance ;* il n'y a plus proportion entre le poids et la taille, et la balance ne permet plus de juger à elle seule le degré de retard dans le développement.

Les indications fournies par la toise sont d'une exactitude absolue et la ration alimentaire devra être calculée par le médecin d'après la taille, mais non d'après le poids dans ces circonstances.

Il est toujours vrai, quant au développement, que les nourrissons ont l'âge de leur taille, qui est *immuable,* puisqu'elle est fixée par le squelette. Mais le poids peut varier sous des influences multiples : indispositions, inanition, etc , et les renseignements fournis par la balance n'ont plus qu'une valeur relative.

Dans la grande majorité des cas, pour les élevages normaux, le contrôle de la croissance par les pesées régulières sera amplement suffisant. Mais, lorsque les bébés sont retardés dans leur développement, lorsqu'ils sont hypotrophiques (de υπο en-dessous et τροφη nutrition) on ne pourra apprécier le retard réel d'accroissement qu'en les toisant.

VI

Les circonstances qui font baisser ou monter le lait.

La plupart des mères seront d'excellentes nourrices et elles pourront élever exclusivement leurs bébés au sein jusqu'à la période du sevrage vers huit ou dix mois, lors de la sortie des premières dents.

Mais il en est d'autres chez lesquelles la sécrétion du lait se ralentira au bout d'un temps variable, chez celles par exemple qui se fatigueront outre mesure, qui auront des chagrins, qui seront mal nourries, qui verront leurs règles, etc. (Les périodes menstruelles ne doivent pas apparaître normalement pendant l'allaitement.) Une nouvelle grossesse fera aussi baisser le lait, mais c'est à tort que l'on croit que les femmes enceintes ont du mauvais lait ; elles en ont moins qu'elles ne devraient en avoir et le nourrisson crie et cesse de s'accroître à cause de cela.

Pendant l'allaitement, les mères doivent prendre quelques précautions en vue d'éviter des indispositions par contre-coup à leur bébé.

Les femmes de la campagne ne changent rien à leur alimentation, et cependant elles ont beaucoup de lait ; c'est qu'elles se nourrissent surtout de légumes, de soupes, de laitage et qu'elles mangent peu de viande. Les femmes de la ville pourront modifier leur régime dans ce sens et s'en trouveront bien. Elles éviteront les mets épicés, les sauces compliquées, etc. Les purées de pommes de terre ou de tout légume frais, lentilles ont la réputation méritée de favoriser la production du lait. Par contre, les choux, les épinards modifient parfois les selles des nourrissons, les font verdir, ce qui indique un trouble dans la digestion.

Les nourrices devant fournir une quantité de lait qui atteint parfois un litre et plus ont besoin de boire plus que de coutume. Qu'elles prennent de l'eau pure faiblement rougie ou de la bière très légère, ou coupée d'eau. Les boissons alcooliques sont très défavorables aux bébés, l'alcool passe dans le lait et détermine parfois des convulsions. J'ai vu aussi des femmes qui prenaient beaucoup de café et dont les nourrissons étaient extrêmement nerveux. Presque tous les médicaments s'éliminant par la glande mammaire devront aussi être évités, sauf avis du médecin.

VII

Les indications de l'allaitement mixte.

Si, malgré toutes les précautions hygiéniques, le lait diminue dans les seins avant l'époque du sevrage, il faudra compléter la ration alimentaire du bébé avec du lait de vache bouilli ou mieux encore stérilisé, suivant la méthode que j'indiquerai ultérieurement.

C'est la balance qui indiquera le moment où l'allaitement *mixte* (maternel et artificiel) devra être commencé. On pèsera l'enfant avant et après la tétée et par différence on connaîtra la quantité de lait ingérée.

On consultera les séries de poids enregistrées, la courbe de croissance et si durant deux ou trois semaines, on voit l'enfant rester stationnaire ou même perdre du poids, on ajoutera un peu d'autre lait que celui de la mère.

Il y a des femmes qui, dès l'âge de quatre ou cinq mois, donnent des bouillies féculentes ; elles font courir ainsi de gros risques à leurs nourrissons ; surtout pendant l'été où ils peuvent être emportés par une diarrhée mortelle. Il ne faut pas non plus se servir de si bonne heure des farines industrielles conservées.

Le bon lait de vache est le meilleur aliment pour parfaire la ration du bébé. Vers quatre ou cinq mois il est généralement bien supporté pur et additionné d'un peu de sucre ordinaire. Au besoin on pourrait y ajouter un quart d'eau bouillie, mais un coupage à moitié serait excessif; on est obligé alors de faire absorber une quantité trop grande de liquide et on dilate inutilement l'estomac.

Pour compléter la ration fournie au sein, ou bien on prépare une petite quantité de lait qui sera donnée tout de suite après chaque tétée jusqu'à concurrence de la quantité totale que le bébé doit prendre suivant son âge, ou bien on supprimera une des tétées que l'on remplacera complètement par un biberon. Cette deuxième méthode est plus commode pour les mères qui ont besoin d'un peu de liberté, mais la première est la plus sûre pour que le lait ne diminue pas dans les seins. Les mères qui supprimeront plusieurs tétées risqueront plus de perdre leur lait, car la succion des seins est le meilleur excitant de la sécrétion.

Il arrive que le lait temporairement diminué sous l'influence d'une indisposition remonte plus tard; en ce cas, guidé par la balance, on pourra revenir à l'allaitement maternel exclusif.

CHAPITRE V

LA RATION DU BÉBÉ AU SEIN

I

Il faut donner au nouveau-né un septième environ de son poids de lait.

Voici un tableau indiquant approximativement les quantités de lait proportionnées à la capacité de l'estomac suivant l'âge des nourrissons.

1re semaine	30 à 50 gr.	neuf tétées en 24 heures.
2e —	50 gr.	neuf ou huit
3e —	60 gr.	tétées.
4e à 8e semaine. . .	75 à 90 gr.	sept tétées.
2e mois	100 gr.	
3e —	120 gr.	six, puis cinq
4e, 5e et 6e mois. . .	135 à 160 gr.	tétées.
7e à 12e mois. . . .	180 à 200 gr.	

Il va sans dire que le bébé ne prendra pas toujours à quelques grammes près sa tétée et qu'il pourra empiéter un peu d'une tétée sur l'autre.

On a établi que dans les premières semaines de la vie, à partir de la deuxième, un nourrisson normal doit absorber au sein de la mère environ un *sixième* ou un *septième de son poids* de lait en vingt-quatre heures. C'est la ration nécessaire pour l'entretien de la vie et pour l'accroissement. Pour peu que l'enfant soit débile, que son poids soit faible, ce n'est plus un septième de son poids, mais un sixième qu'il faudra donner.

Lorsque la quantité de lait est insuffisante, l'enfant subsiste, végète, mais ne s'accroît pas ; il a une ration suffisante pour l'entretien de la vie, mais non pour la croissance.

C'est donc bien à tort que certains théoriciens ont voulu réduire à *un dixième* du poids du corps la ration alimentaire du bébé ou à 100 grammes de lait par kilo d'enfant. Par l'application de tels principes dans les premiers mois, j'ai vu causer des accidents graves d'inanition avec un arrêt presque absolu de l'accroissement. Après le quatrième mois, on pourra ne donner que le huitième de poids de lait.

Il faudra tenir compte des saisons, réduire un peu la ration pendant les chaleurs de l'été, si l'on veut éviter la diarrhée ; et il faut savoir aussi que certains bébés ont déjà un plus fort appétit que d'autres.

II

Les soins spéciaux nécessaires à l'enfant.

Pendant toute la durée de l'allaitement au sein, le nourrisson doit être l'objet de soins incessants que seules les mères peuvent donner ; il faut qu'il soit changé souvent, car ses langes sont souillés par les déjections et les urines. Comme la peau est fort délicate, le contact un peu prolongé des couches imprégnées d'excréments ou d'urine suffirait à l'irriter et même à l'excorier.

On a dit qu'un nouveau-né est surtout *un tube digestif*.

Les fonctions de nutrition ont chez lui une prédominance absolue ; il faut que ses déjections soient aussi régulières que les tétées ; deux à trois fois par jour les premiers mois, on trouvera les résidus excrémentitiels des tétées dans les couches sous forme d'une bouillie gluante, jaune comme du jaune d'œuf.

Plus tard les enfants se saliront seulement deux fois puis une fois en vingt-quatre heures.

Parfois les matières deviennent grumeleuses, contiennent de petits caillots de lait mal digéré. Quand le lait n'est pas de bonne qualité, ou s'il est mal digéré, on voit une teinte verte apparaître sur les couches. Quelquefois même les déjections sont vert épinard, fréquentes et liquides. C'est l'indice d'une gastro-entérite ; il faut prévenir le médecin.

Lorsque les mères n'ont pas une lactation très abondante, les enfants ne se saliront qu'une fois par jour, ou même il faut provoquer les garde-robes avec un petit lavement ou avec un suppositoire ; néanmoins les matières peuvent être belles et l'enfant s'accroît régulièrement malgré cette paresse d'intestin. C'est de la fausse constipation.

La constipation vraie chez les enfants élevés au sein se traduisant par des matières moulées et un peu concrètes n'est pas commune. Elle doit être traitée par des lavements de décoction de guimauve administrés avec une poire en caoutchouc dont la canule sera bien vaselinée. De plus les mères-nourrices devront modifier leur hygiène et leur alimentation et prendre plus de légumes et plus d'exercice.

CHAPITRE VI

L'ALLAITEMENT ARTIFICIEL. LE LAIT DE VACHE.
LA STÉRILISATION

I

Difficulté de se procurer du bon lait dans les villes.

Il est toujours difficile de copier la nature ; dans l'adjectif *artificiel*, il y a le mot *art ;* l'allaitement artificiel exigera donc un apprentissage et des connaissances pratiques et précises. Nombreuses sont les personnes qui en sont encore à croire qu'il suffit, pour nourrir un bébé, de se procurer du lait, dans la boutique la plus voisine, et d'en remplir le biberon. Voilà une idée par trop simpliste qui coûte la vie, chaque année, à des milliers d'enfants dans les villes.

Dans les campagnes, on va chercher le lait de vache frais et pur à sa source, en quelque sorte ; on connaît le fermier, on voit les vaches au pâturage ou à l'étable, on peut même assister à la traite, etc.

Mais dans les villes, le lait passe par tant de mains avant d'arriver au consommateur, qu'il risque bien d'être altéré. Trop souvent il est *mouillé*, étendu d'eau, *écrémé,* et sa valeur nutritive est diminuée. Quelquefois même, il est additionné d'un conservatif nuisible, pour l'empêcher de tourner.

L'adduction du lait pur, il faut qu'on le sache, dans une cité comme Paris offre de grandes difficultés. Devant la Commission du lait, réunie à l'Hôtel de Ville, il y a quelques années, j'ai entendu M. Girard, directeur du Laboratoire municipal, dire que les fraudes sur le lait étaient presque irrépressibles, tant elles étaient nombreuses et variées.

Mais, à part toute sophistication, pendant les chaleurs de l'été surtout, le lait subit des altérations spontanées très redoutables et qui peuvent causer des accidents mortels chez les petits enfants.

II

Nécessité de stériliser le lait.

Ce liquide organique contenant des substances albuminoïdes, du lactose, de la graisse, etc., est un excellent *bouillon de culture* pour nombre de microbes dont la pullulation peut être très rapide. Pour donner une idée approximative de la multiplication des microbes dans le lait, je rappellerai que M. Miquel a calculé qu'un centimètre cube de lait, à l'arrivée au Laboratoire, ne contenait que 9 000 *bactéries* ; neuf heures après, il en contenait 120 000 et vingt-cinq heures après, 5 600 000.

On conçoit qu'une telle culture de microbes soit un poison, si elle est ingérée par un bébé.

Outre les bactéries communes, pénétrant avec les souillures introduites dans le lait lors de la traite ou lors du transvasement, on y trouve aussi des germes morbides et, en particulier, des bacilles de la tuberculose, provenant des vaches laitières.

Les médecins et les vétérinaires ont reconnu les dangers de la transmission de la tuberculose, aux

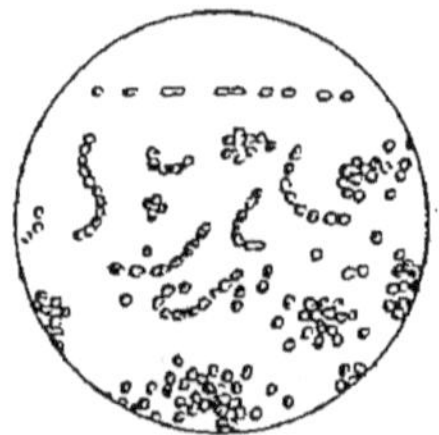

Coccus et micrococcus.

Bâtonnets divers.

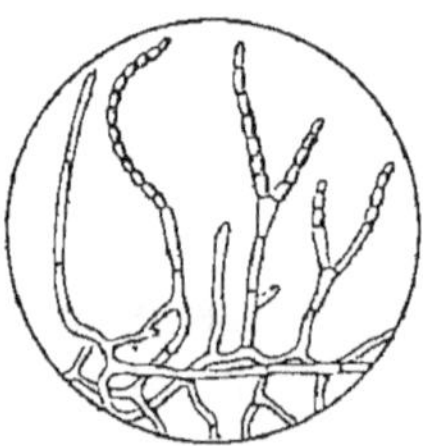

Oidium lactis.
Moisissure nuisible au lait, à la crème et dans certains cas aux fromages.

Les bacilles de la tuberculose qui sont les germes de cette maladie.

Fig. 9 à 12. — Microbes qui pullulent dans le lait et le rendent nuisible.

enfants et aux adultes, par le lait cru. Les germes de la fièvre typhoïde et d'autres maladies peuvent être aussi contenus dans le lait, s'il a été mouillé avec de l'eau malsaine ou manié par des personnes malades.

Ce n'est qu'en faisant bouillir le lait, ou, mieux encore, en le stérilisant, qu'on pourra se prémunir contre ces altérations, ces contaminations si dangereuses pour le nourrisson.

L'action de la chaleur suffit à détruire les microbes et à arrêter les fermentations.

La *stérilisation* des liquides organiques a été découverte par notre immortel Pasteur : il y a même un procédé de conservation temporaire du lait, qui a reçu le nom de *Pasteurisation*.

III

Les bienfaits de la Pasteurisation et de la stérilisation du lait.

Un immense progrès dans l'allaitement artificiel a été réalisé par l'emploi méthodique de la stérilisation. Autrefois, dans les grandes villes, les bébés étaient, un jour ou l'autre, victimes des fermentations microbiennes du lait, inévitables sans l'action de la chaleur ; le biberon était considéré, justement, comme meurtrier, les diarrhées les plus graves, le choléra infantile sévissaient.

La mortalité est extrêmement réduite depuis que nous manions le lait stérilisé ; les catarrhes intestinaux qui surgissent maintenant chez les enfants au biberon ne sont guère plus graves que ceux qui surviennent chez ceux qui reçoivent le sein pendant les chaleurs de l'été.

L'hygiène infantile a été heureusement révolutionnée par la doctrine pastorienne, et les médecins du monde entier sont venus proclamer ces bienfaits de la science au Congrès international des Gouttes de lait, qui s'est réuni en 1905 à l'Institut Pasteur.

Ces progrès ont naturellement suscité des critiques.

On a dit que le lait stérilisé n'était plus aussi nour-
rissant que le lait cru, et puis ne voit-on pas, à la
campagne, de beaux enfants élevés au lait qui vient
d'être trait au pis de la vache ?

Oh ! si chacun pouvait avoir chez soi une vache
bien saine qui aurait subi l'épreuve de la tuberculine,

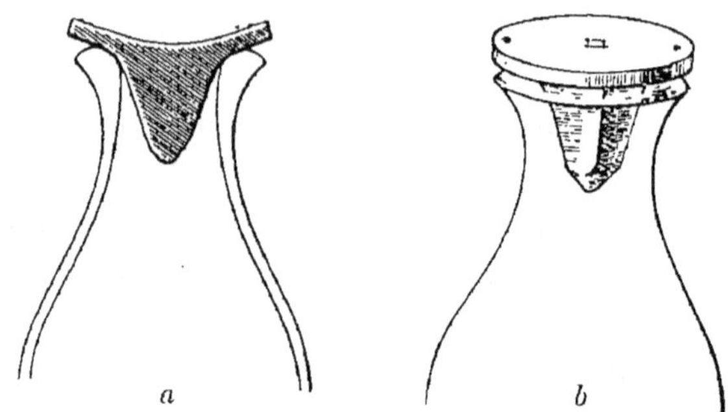

Fig. 13. — Bouchon de caoutchouc appliqué hermétiquement
sur l'orifice du biberon.

a, coupe du bouchon. — b, ensemble du bouchon.

pour s'assurer qu'elle n'est pas tuberculeuse, si les
trayons des vaches étaient toujours bien lavés et asep-
tisés, de même que les mains des filles de ferme, si
les vases où l'on recueille le lait étaient parfaitement
nettoyés à l'eau bouillante, alors on pourrait avanta-
geusement faire boire au bébé du lait cru.

Mais si l'on ne peut prendre toutes ces précautions
pour recueillir le lait à l'abri de toute souillure, ce
qui est la règle, il sera préférable de le faire bouillir
ou de le stériliser avant de charger le biberon.

D'ailleurs, la plupart des critiques faites à la stérilisation sont mal fondées, et je puis me porter garant

que la surchauffe du lait, même à 108°, n'a pas d'inconvénients.

IV

Le lait stérilisé industriellement à la campagne.

Depuis quinze ans, à la Goutte de lait de Belleville, nous avons fait distribuer, à prix réduit, plus de 600 000 litres de lait stérilisé industriellement (à 108°), venant de Normandie, à plus de 6 000 enfants dont nous avons contrôlé la croissance, mes collaborateurs les Drs Lazard, Paul Roger et moi-même, et nous avons acquis la certitude que non seulement ce lait stérilisé permet d'élever des bébés normaux, mais aussi de sauver ceux qu'on nous apporte avec des troubles digestifs, retardés dans leur développement.

Le lait stérilisé industriellement à la campagne, tout de suite après la traite, présente de sérieux avantages : il est transporté dans des flacons fermés hermétiquement au liège paraffiné, et sa pureté est assurée. — Chaque bouteille doit être goûtée soigneusement avant d'en donner le contenu au bébé.

V

Le lait de vache pour l'allaitement doit être pur.

Si l'on veut stériliser soi-même son lait à domicile, il faudra veiller à ce qu'il soit pur et frais. La stérilisation n'ajoute rien au lait, elle l'empêche seulement de fermenter et de devenir par suite nuisible.

C'est au lait de vache qu'il faudra donner la préférence. Il est bien difficile de se procurer du lait d'ânesse : sa composition, il est vrai, se rapproche de celle du lait de femme, mais son prix est très élevé, 5 à 6 francs le litre à Paris ; on ne l'emploiera donc que comme aliment exceptionnel chez certains enfants débiles qui ne pourront en supporter d'autre.

A Paris, tout au moins, le lait de chèvre n'a pas donné de bons résultats ; il a été essayé sans succès par Parrot et par bon nombre de médecins. Je n'ai pas vu, non plus, prospérer les enfants nourris au lait de chèvre. Serait-ce parce qu'il contient jusqu'à 6 p. 100 de beurre et 4,4 de caséine qu'il serait trop lourd pour les estomacs de nouveau-nés ?

Le bon lait de vache est le seul que l'on puisse avoir aisément à sa disposition.

Voici une analyse de ce lait, empruntée au *Livre de l'Alimentation*, de M. Armand Gautier :

Densité 1,032

Eau	864,3
Albuminoïdes	33,3
Sucre	52,8
Beurre	42,0
Sels minéraux	7,6
Résidu sec	135,7

Quand on pourra se renseigner, à la campagne par exemple, on ne prendra pas le lait d'une vache qui vient de vêler, car il est laxatif ; on ne s'adressera pas non plus aux fermiers qui donnent à leur bétail comme nourriture principale des feuilles de betteraves, des drèches de brasserie (résidu de grains fermentés), des tourteaux (résidu de graines oléagineuses), etc. Il n'est pas rare que le lait des vaches ainsi alimentées provoque des accidents chez les bébés.

Lorsqu'on emploie toujours le lait d'une même vache, on est exposé à faire subir à l'enfant le contre-coup des indispositions de la bête, surtout si elle n'est pas bien nourrie. Il est préférable de se servir d'un lait moyen, résultant de la traite de plusieurs bonnes vaches.

Dans les grandes villes, on ne saurait s'entourer de trop de précautions pour choisir le lait cru, qui devra être stérilisé. Il ne sera pas superflu de s'assurer de sa pureté par des analyses chimiques répétées de temps en temps, par des essais au butyromètre, etc.

Il est essentiel aussi que le lait cru soit frais ; s'il en est autrement, l'action de la chaleur arrêtera peut-être les végétations microbiennes, mais elle ne détruira pas les toxines résultant des fermentations qui ont précédé la stérilisation.

J'ai conservé le souvenir de deux petits jumeaux qui moururent de gastro-entérite aiguë, après avoir reçu des prises de lait de crémerie stérilisé trop tardivement dans un appareil de Soxhlet. Le père était préparateur au Laboratoire municipal de Paris et procédait lui-même à la stérilisation, mais il avait rempli ses flacons avec un lait qui était déjà altéré.

Il faudra toujours que le lait donné aux enfants

soit tout au moins *bouilli*, mais il sera préférable qu'il soit *stérilisé*, c'est-à-dire qu'il ait subi l'action prolongée de la chaleur.

Si l'on se contente de faire bouillir le lait, il conviendra d'enlever la première crème qui se forme, pour permettre de prolonger l'ébullition. Le lait bouilli sera conservé au frais, dans un vase préalablement lavé à l'eau bouillante et bien fermé, à l'abri des poussières.

VI

La stérilisation du lait frais dans les appareils.

Pour procéder à la stérilisation des rations du nourrisson, il faut un appareil spécial. C'est un panier métallique où sont placés six à huit petits flacons dans lesquels on aura mesuré la quantité de lait pour chaque tétée, qui conviendra à l'enfant suivant son âge. Ces flacons sont fermés avec des opercules de caoutchouc. Le panier s'emboîte dans un récipient métallique à demi rempli d'eau, que l'on chauffe sur un foyer ordinaire.

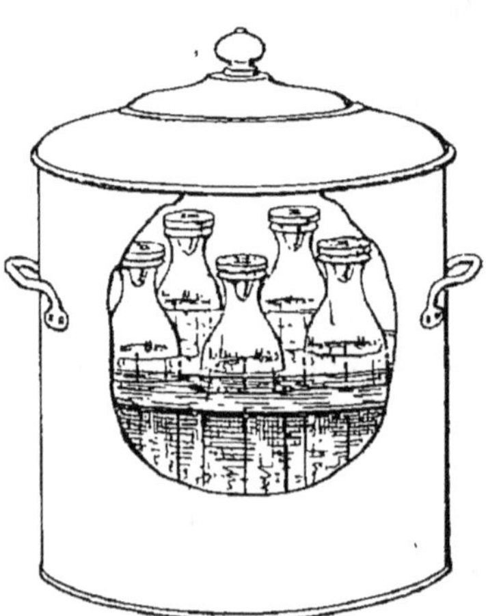

Fig. 14. — Vase métallique, où les bouteilles sont placées dans un bain-marie pour être portées à l'ébullition.

On admet que l'ébullition dans le bain-marie doit durer trois quarts d'heure pour que la stérilisation du lait dans les flacons soit suffisante.

Par le refroidissement, les opercules de caoutchouc s'adaptent sur l'orifice du goulot des petites bouteilles, et le lait peut ainsi être conservé un jour ou deux et même plus longtemps en hiver. Mais pour avoir une stérilisation parfaite, qui permette une conservation très prolongée du lait, il est indispensable de le porter au moins à 108° à l'autoclave, comme on le fait dans l'industrie.

Les petites bouteilles des appareils stérilisateurs doivent servir de biberon : elles portent généralement des chiffres en relief qui indiquent les quantités de 15 en 15 grammes, c'est-à-dire par cuillerées à soupe. Quant on donnera un de ces biberons, dans lequel la ration sera préparée d'avance, il suffira de le faire tiédir et d'y adapter, à la place de l'opercule, une tétine en caoutchouc.

CHAPITRE VII

LA TECHNIQUE DE L'ALLAITEMENT ARTIFICIEL. LES MODIFICATIONS DU LAIT

I

Le biberon et la tétine.

Il y a déjà longtemps que l'on a reconnu les inconvénients des appareils compliqués qui servaient de biberons. Le biberon à tube, notamment, est un instrument très dangereux ; il est impossible de bien nettoyer les tuyaux dans lesquels le lait se putréfie ; lorsqu'on débouche ces biberons, il s'en exhale une odeur infecte.

Si l'on ne se sert pas d'appareils stérilisateurs, il faudra néanmoins avoir à sa disposition plusieurs biberons et plusieurs tétines, qui tremperont dans de l'eau bouillie additionnée de sel marin, après avoir été nettoyés soigneusement à l'eau bouillante après chaque tétée.

Les bouteilles devront toujours être graduées pour qu'on puisse bien mesurer la ration, proportionnée à l'âge de l'enfant.

Les bébés vigoureux boivent gloutonnement, ils vident le biberon en un clin d'œil et ils poussent alors des cris, parce qu'ils n'ont pas la sensation d'être repus. Il faudra donc veiller à ce qu'ils absorbent le lait plus lentement, pour se rapprocher des conditions naturelles de la tétée au sein. On aura toujours des tétines à *trous fins*, le biberon sera tenu à la main et on le retirera de la bouche de l'enfant de temps à autre, s'il avale trop vite. Il est important que les prises de lait ne soient pas trop rapides, pour que l'estomac ne soit pas distendu brusquement ; c'est pourquoi nous déconseillons de faire boire les bébés *au verre* ou à la tasse.

La tétine en caoutchouc, en doigt de gant, qui peut se retourner pour être lavée, est la plus commode ; elle s'adapte directement sur le goulot de la bouteille ; elle sera percée d'un pertuis sur le côté, pour permettre l'accès de l'air pendant la succion, mais une soupape est inutile.

II

Les dangers de la suralimentation.

Chez les bébés élevés artificiellement, la *suralimentation* est encore plus à craindre que chez ceux au sein ; des troubles gastro-intestinaux très sérieux et des arrêts de croissance peuvent en résulter. Les mères devront donc recevoir des instructions précises pour la graduation des tétées, suivant l'âge de leurs enfants, surtout pendant les trois premiers mois, où l'élevage au biberon offre de si grandes difficultés. Après trois mois, les enfants ont déjà l'estomac plus solide, ils digèrent bien le lait de vache pur.

Mais si l'on veut éviter les vomissements et même la diarrhée dans les premiers temps qui suivent la naissance, il faut charger les biberons en se conformant à la capacité physiologique de l'estomac, qui varie très rapidement, comme je l'ai déjà indiqué. Dans la classe populaire, les femmes ne consultent pas volontiers les instructions imprimées ; aussi pour leur usage, à la Goutte de lait de Belleville, j'ai fait fabriquer un biberon gradué spécial, sur lequel elles peuvent lire directement la quantité de lait qu'il convient de donner à chaque tétée, suivant l'âge de leur bébé.

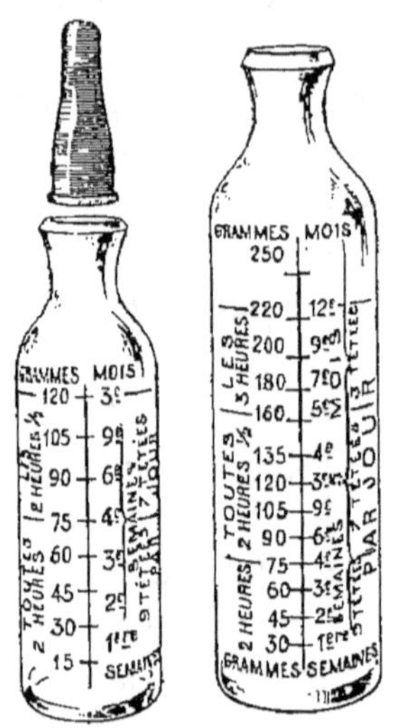

Fig. 13. — Biberon gradué du Dr Variot en usage à la Goutte de lait de Belleville.

Les mères peuvent lire directement sur le verre la quantité de lait qui convient à leur enfant suivant son âge. La tétine en doigt de gant surmonte le biberon.

Voici le tableau des chiffres inscrits sur cette bouteille, qui nous a rendu de grands services pour prévenir la suralimentation.

(Lait coupé d'un tiers d'eau.)

1re semaine . . . . 30 gr.
2{e}   —   . . . . 45 —
3{e}   —   . . . . 60 —

Huit à neuf tétées en vingt-quatre heures.

(Lait coupé d'un quart d'eau.)

4º à 8º semaine . . . .   75 à 90 gr.
2e mois . . . .   100 —

Sept tétées par vingt-quatre heures.

(Lait pur.)

3º mois . . . .   120 gr.
4º, 5º et 6º mois . . . .   135 à 160 —
7º à 12º mois . . . .   180 à 200 —

Six ou cinq tétées par vingt-quatre heures.

III

Les coupages du lait. L'addition de sucre.

Il est à remarquer que dans la ration quantitative
de l'allaitement artificiel, pour les intervalles et le
nombre des tétées, nous nous efforçons d'imiter,
autant qu'il est possible, les conditions naturelles
réalisées dans l'allaitement au sein. Nous essayons
encore de nous en rapprocher lorsque nous modifions
le lait de vache, lorsque nous le coupons pour le
rendre plus digestible.

Après trois mois, la grande majorité des bébés
utilisent bien le lait pur; il en est même qui le sup-
portent plus tôt. Néanmoins, dans les deux premiers
mois surtout, il sera bon de le diluer un peu avec de
l'eau bouillie.

C'est que le lait de vache diffère notablement, par
sa composition, du lait de la femme.

Pour la quantité de beurre et de lactose, il n'y a

pas de différence très sensible entre les deux laits, mais pour la caséine (substances albuminoïdes), la quantité s'élève à 33 p. 1 000 chez la vache ; elle n'est que de 22 et même 15 p. 1 000 chez la femme ; la quantité de sels minéraux est plus forte du double au moins dans le lait de vache. Il est vraisemblable que cette composition spéciale du lait de vache contribue à le rendre plus lourd à digérer, d'où la nécessité de le corriger, de le modifier.

En principe, plus la modification que l'on fera subir au lait sera simple et mieux cela vaudra ; en voulant materniser, humaniser le lait, on lui fait subir des manipulations compliquées qui ne sont pas sans inconvénients. On ne devra recourir à ces laits modifiés que sur les indications du médecin. L'homogénéisation du lait qui consiste à émulsionner par un procédé spécial les globules de beurre, le rend plus digestible pour les nourrissons délicats.

Pratiquement, la correction du lait de vache, qui suffit à le rendre plus digestible, consiste à l'additionner d'un *tiers d'eau bouillie* dans le premier mois et d'un quart dans les deuxième et troisième mois. Ce mouillage a l'avantage de faire baisser le taux de la caséine et des sels minéraux, mais il diminue dans la même proportion le taux du beurre et du lactose.

Pour compenser l'abaissement de ces deux dernières substances, il est utile d'ajouter au lait dilué un peu de sucre ordinaire (de saccharose).

Une demi-cuillerée à café, puis, plus tard, une cuillerée de sucre en poudre dans chaque biberon, soit 2 ou 4 grammes environ. On a proposé d'additionner le lait de lactose ou même de glucose ; mais, outre qu'il n'est pas aisé de se procurer ces sucres, leur emploi est moins avantageux que celui du sucre ordinaire. Le lactose souvent impur est laxatif, la diarrhée se déclare parfois chez les bébés qui en prennent dans le biberon.

Il n'est pas utile de couper le lait avec la moitié d'eau et encore moins avec les deux tiers d'eau, comme le recommandent encore les sages-femmes de l'ancienne école.

On fait ainsi ingérer au nourrisson une quantité trop grande de liquide peu nutritif, qui force son estomac et le rend intolérant ; de là viennent souvent les échecs de l'allaitement artificiel dans les premiers temps. La composition du lait de la femme, qu'on ne l'oublie pas, varie à peine dans les premiers jours après la naissance et durant toute la lactation. On s'écarte donc de la nature en coupant outre mesure le lait de vache.

Dans le cas où l'on manie les appareils stérilisateurs, la correction devra être faite en chargeant les petites bouteilles, sinon on fera les coupages dans le biberon avant chaque tétée.

IV

Le contrôle de l'allaitement artificiel doit être strict.

Les bébés élevés artificiellement seront l'objet de soins méticuleux, et les mères ne devront jamais s'en décharger entièrement sur des nourrices mercénaires ; elles veilleront elles-mêmes à la fourniture du lait, à la préparation des rations, à la stérilisation.

L'emploi méthodique de la balance que nous avons recommandé pour l'allaitement au sein est, ici, absolument indispensable pour le contrôle de la crois-

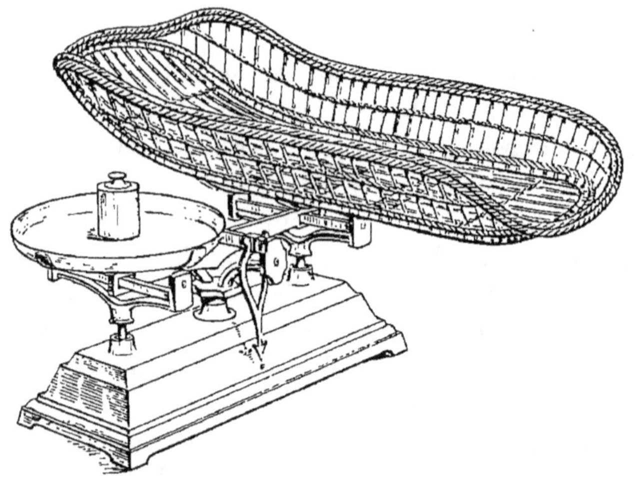

Fig. 16. — Le pèse-bébé.

sance. Chaque bébé aura son carnet de poids, sa courbe graphique, et si l'on voit un plateau inexpliqué ou une chute dans la courbe, il faudra s'en préoccuper, car ils indiquent des retards et des arrêts dans l'accroissement.

Dès qu'on voit surgir la diarrhée, on mettra l'enfant à l'eau bouillie ou à l'eau de riz (faire bouillir pour cela deux cuillerées de riz dans un litre d'eau pendant une demi-heure), et on supprimera le lait en attendant la consultation du médecin ; on redoublera de précautions aux mois de juillet et d'août.

CHAPITRE VIII

LES GOUTTES DE LAIT

Les consultations de nourrissons. Les crèches.

Dans la classe populaire, l'allaitement artificiel est
trop souvent une nécessité pour les mères obligées
de travailler afin de gagner leur vie et celle de leur
enfant; c'est une conséquence du paupérisme. Pour
atténuer les dangers du biberon, on a fondé en France
des institutions nouvelles, les *Gouttes de lait*, où les
mères reçoivent du lait gratuitement ou à prix réduit.
Chaque semaine elles doivent apporter leurs bébés
pour être pesés, inspectés, et les médecins leur donnent des conseils précis pour préparer la ration alimentaire, pour éviter les accidents de suralimentation,
les troubles gastro-intestinaux, etc. On favorise aussi,
dans ces établissements, l'allaitement maternel, on
distribue des layettes, des secours en nature ou en
argent, etc. On recommandera donc aux personnes
nécessiteuses de fréquenter régulièrement les Gouttes
de lait, qui sont de véritables *écoles des mères*.

Il arrive malheureusement que les mères étant
obligées de se séparer de leurs enfants dans la
journée pour aller travailler à l'atelier ou ailleurs,

elles les mettent à la crèche. Ces asiles, si utiles à la classe populaire, ne sont pas, à proprement parler, des pouponnières. On y admet surtout des enfants déjà sevrés, et le personnel des berceuses y est géné-

Fig. 17. — L'œuvre de la Goutte de lait du dispensaire de Belleville par Jean Geoffroy.
Panneau central du triptyque représentant la consultation des bébés.

ralement peu nombreux. Les règlements administratifs exigent une berceuse pour six enfants ; cela est suffisant pour des enfants au-dessus de dix-huit mois, mais il est vraiment impossible qu'une seule femme puisse soigner *six bébés* au biberon.

Comment trouverait-elle le temps de préparer les bouteilles, de faire boire chaque enfant (il faut tenir le biberon à la main pendant dix minutes) de le changer, de le baigner, etc.?

Ce n'est, certes, ni la bonne volonté, ni le dévouement qui manquent au personnel des crèches, mais le budget de ces établissements de bienfaisance est trop souvent insuffisant et, par suite, le nombre des berceuses trop restreint.

Que les mères obligées de déposer leurs bébés à la crèche aillent donc plusieurs fois par jour leur donner le sein, si elles le peuvent; elles s'assureront en même temps qu'ils ne manquent pas des soins nécessaires.

CHAPITRE IX

LA DENTITION. LE SEVRAGE

I

La percée des dents.

Quant faut-il commencer à donner aux bébés d'autres aliments que le lait ? De sept à neuf mois en général, lorsque se montrent les premières dents. — Ce sont d'abord les deux dents incisives inférieures qui percent la gencive, puis, quelques semaines plus tard, les deux incisives supérieures, et les quatre incisives latérales ; dans le cours de la deuxième année sortent les quatre premières molaires et plus tard les quatre canines, qu'on nomme aussi dents œillères, à la mâchoire supérieure : enfin les quatre grosses molaires, soit, en tout, vingt dents de lait qui, vers l'âge de sept ans, commenceront de tomber pour faire place à la dentition permanente.

La plupart des enfants percent leurs dents sans difficulté, d'autres ont un peu d'inflammation des gencives, sont grognons et sujets à de la diarrhée ou à des éruptions à la peau : ils peuvent être arrêtés momentanément dans leur croissance. Les accidents de la première dentition sont sans gravité, le plus souvent.

II

Les premières bouillies seront faites au lait.

Lorsque les mères ont encore beaucoup de lait vers
sept ou huit mois, on se contentera d'abord de rem-
placer une des tétées par une petite bouillie *très claire*
de farine de froment, d'avoine ou de riz préparée avec
du lait de vache, et légèrement sucrée, et en outre
on habituera graduellement l'enfant à prendre du lait
de vache pur au biberon ou à la cuillère, si on ne l'a
pas encore fait.

Dans le peuple les femmes se figurent parfois, et
bien à tort, que du moment où elles n'ont plus de lait,
c'est que leurs enfants n'en ont plus besoin ; elles les
gavent de bouillies épaisses, de panades faites à l'eau
et elles perdent ainsi le bénéfice de l'allaitement
maternel ; les bébés qui étaient beaux tant qu'ils prenaient le sein, périclitent avec cette alimentation
défectueuse ; ils maigrissent, leur estomac et leur
ventre se dilatent, ils se *nouent*, leurs os s'incurvent,
ils deviennent rachitiques.

Pour l'enfant élevé au sein, le sevrage doit consister
surtout dans la substitution graduelle du lait de vache
au lait de la mère, avec adjonction de bouillies au
lait ; pour l'enfant au biberon, le lait constituera
encore la base de l'alimentation pendant le sevrage,
et les bouillies farineuses seront données aussi,
lorsque apparaîtront les premières dents.

Le lait de vache qui, bien manié, permet de nourrir

artificiellement les bébés dès leur naissance, reste encore le plus complet et le plus assimilable des aliments pendant la deuxième année de la vie. Il faudra qu'un enfant sevré en prenne chaque jour un litre environ, soit dans ses bouillies et ses potages, soit pur. Dans le bon lait on trouve jusqu'à 2 à 3 grammes de phosphate de chaux p. 1000 ; aucun sirop de chaux ne peut être aussi efficace pour fortifier le développement des os. D'ailleurs, je ne crains pas de le répéter, tous les enfants privés de lait à la période du sevrage ont leur croissance troublée et courent de grands risques.

Les bouillies seront toujours préparées au lait et ne devront jamais être épaisses. Une cuillerée de farine suffira dans 200 grammes de lait. — Les bouillies à l'eau, et spécialement la *panade*, faite avec des croûtes de pain écrasées dans l'eau, sont indigestes et même nuisibles, à moins que l'on y ajoute une quantité suffisante de lait.

A la fin de la première année, on pourra faire prendre deux bouillies par jour.

Si l'enfant a une tendance à la constipation, ce qui est fréquent lorsqu'on se sert des laits stérilisés industriellement, on recourra de préférence à la bouillie d'avoine.

La farine d'avoine est riche en graisse : employée communément en Écosse, en Bretagne, c'est un excellent aliment, qui tient l'intestin des enfants libre et leur donne un beau teint clair.

Le riz a plutôt la propriété de resserrer les fonctions intestinales ; l'eau de riz est, on le sait, très utile dans la diarrhée.

Suivant les circonstances, les saisons, etc., on

recourra donc aux bouillies d'avoine, de riz, de froment, d'orge, de maïs, etc. Cette dernière farine, grasse, est aussi un peu laxative.

Nous donnons de très bonne heure, aux enfants de la Goutte de lait de Belleville, de la purée de pommes de terre au lait et ils s'en trouvent fort bien. C'est un féculent frais, vivant en quelque sorte, qui coûte très peu et qui forme une excellente mixture nutritive avec le lait stérilisé.

On ne saurait recommander la carotte, qui a une certaine vogue en Allemagne, car elle donne des résidus intestinaux très abondants. Les bouillons de légumes frais, préparés avec de petites doses de pommes de terre, carotte, navet, etc., ne sont pas *nourrissants*; ils ne doivent être donnés, comme l'eau bouillie, qu'en cas de diarrhée, pour laisser reposer le tube digestif. Parmi les pâtes industrielles, semoule, vermicelle, arrow-root, sagou, salep etc., le tapioca nous a paru l'une des mieux utilisées par les enfants. Le tapioca n'est d'ailleurs pas fabriqué, en France, avec de la farine de manioc, mais avec de la fécule de pomme de terre.

Dans les pays de montagnes, on peut faire de bonnes bouillies au lait avec la châtaigne, avec la farine de seigle, etc.

III

Inconvénients des farines de conserve.
Les premiers aliments.

Il ne faut pas se laisser prendre aux annonces alléchantes des *farines de conserve*, ni surtout croire qu'elles puissent être des *succédanés* du lait de femme : il n'y a qu'un seul aliment qui puisse être considéré comme succédané du lait de femme, c'est le lait de vache.

Le chocolat a l'inconvénient de constiper, probablement à cause du cacao. Le cacao renferme des substances nuisibles aux jeunes enfants ; ce n'est pas un bon aliment pour eux, et il ne devra leur être donné qu'en faible quantité, plutôt comme un condiment, pour leur faire absorber d'autres substances plus nutritives.

De bonne heure aussi, on donnera aux sevrés des biscuits à la cuillère frais, plutôt que des biscuits de conserve. S'ils grignotent une petite croûte de pain, on les surveillera pour qu'ils ne l'avalent pas d'un coup, au risque d'étouffer ; on pourra aussi leur laisser s'aiguiser les dents avec l'os de la cuisse d'un poulet ou avec un hochet d'ivoire.

La plupart des enfants digèrent les œufs bien frais dès l'âge de neuf à dix mois ; quelques-uns, cependant, les rejettent les premières fois ; s'ils ont une tendance à la constipation, ils ne prendront que le jaune délayé dans l'un des biberons ou à la cuillère.

L'œuf est un aliment excellent, mais il ne faudrait pas en donner plusieurs par jour.

Dans le courant de la deuxième année, on ajoutera avec avantage deux à trois cuillerées à soupe de jus de viande de bœuf saignante à de la purée de pommes de terre au lait, surtout si les enfants sont pâles et anémiques. Il ne faudrait pas donner de la viande en nature, car elle serait avalée sans être mastiquée. A la fin de la deuxième année on pourra donner aussi des crèmes faites à l'œuf, de la confiture, des fruits cuits.

Les fonctions digestives, chez le bébé, ont une activité prédominante en rapport avec la croissance extrêmement rapide ; elles doivent donc occuper la plus large place dans les préceptes de l'hygiène infantile, sans faire oublier le reste de l'organisme.

IV

La vaccination.

Pour prémunir le bébé contre la petite vérole, cette maladie qui était autrefois si meurtrière, il faut le faire vacciner dès les premiers mois de la vie.

La vaccination est une opération absolument inoffensive ; elle consiste à inoculer le *cow-pox* de la vache, qui prévient à coup sûr le développement de la variole chez l'enfant. D'après *la loi sur la santé publique*, la vaccination est d'ailleurs obligatoire.

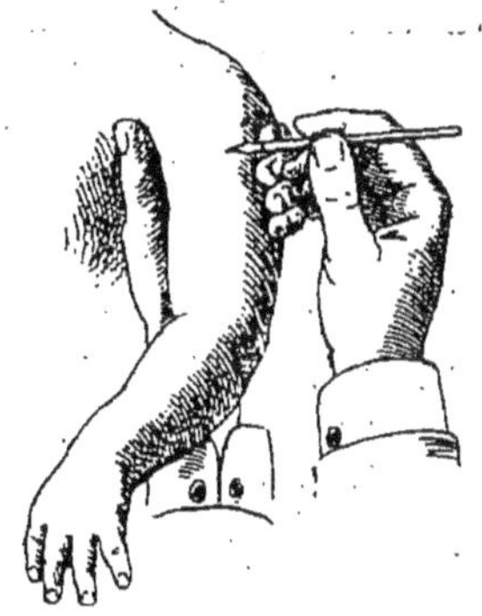

Fig. 18. — L'opération de la vaccination.

CHAPITRE X

L'HYGIÈNE GÉNÉRALE DU BÉBÉ

I

La propreté de la peau. Les bains. Les premiers vêtements.

Le bébé, comme la plante, a besoin d'air et de lumière, pour se développer normalement. On ne placera donc jamais le berceau dans un recoin obscur, ni dans un cabinet dont le cubage d'air sera insuffisant. Sauf pendant les grands froids et par le mauvais temps, l'enfant sera sorti au grand air tous les jours, soit porté à bras dans les premiers mois, soit, plus tard, dans une petite voiture à ressorts.

Le bébé sera tenu avec une propreté rigide ; chaque jour il sera baigné dans de l'eau marquant 36° à 37° au thermomètre centigrade, et, à défaut de thermomètre, chaude à la main.

Si l'on n'a pas de baignoire, on trouvera toujours un baquet, que l'on placera près du feu, pour donner le bain.

Le premier bain sera donné tout de suite après la naissance, et la peau sera savonnée. On lavera les yeux avec un tampon de coton hydrophile imprégné d'eau boriquée et on surveillera, les jours suivants, s'il ne survient pas d'inflammation aux paupières.

Les bébés craignent beaucoup le froid ; ceux qui naissent avant leur terme ont même une telle tendance à se refroidir qu'on est obligé de les maintenir dans

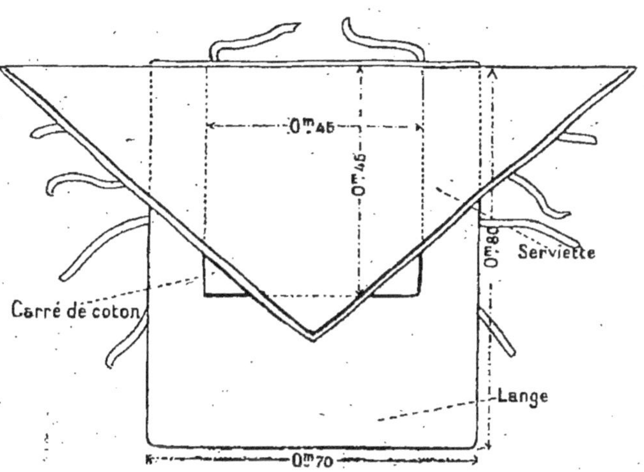

Fig. 19. — Maillot français.

Lange de laine, carré de coton et serviette-couche disposés pour l'habillement de l'enfant.

une atmosphère à 30° dans une couveuse ; on les enveloppe tout entiers dans du coton.

Il faut donc bien vêtir les nourrissons et surtout les nouveau-nés. On leur met généralement une petite chemise courte, une brassière plus ou moins chaude, suivant les saisons, un tricot en flanelle, en toile même, etc. La partie inférieure du corps est enveloppée dans une couche et dans un lange, et par-dessus est roulé le maillot de laine.

La mode anglaise, qui consiste à vêtir les bébés,

dès les premiers temps, d'une culotte de flanelle avec bas de laine, chaussons, etc., commence à se répandre. Il faudra couvrir la tête du bébé avec un petit bonnet quand on le sortira.

Fig. 20. — Maillot français.

Commencement de l'application du lange de laine.

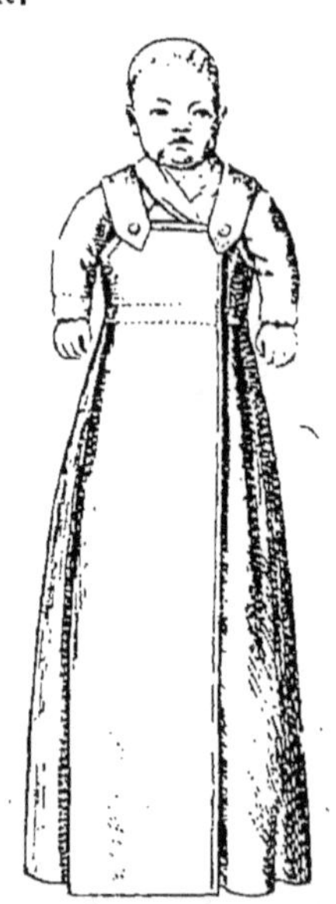

Fig. 21. — Maillot anglais.

Robe de flanelle, dite Jackson, appliquée.

Toutes les fois que l'enfant sera souillé par les urines ou les déjections, il devra être démailloté, changé et lavé à l'eau tiède, puis poudré avec du lycopode ou de la poudre de riz. Ces soins incessants sont indispensables si l'on veut éviter des éruptions et des excoriations à la peau.

Pendant l'hiver, non seulement le bébé sera bien vêtu, protégé dans son berceau par des couvertures de laine, mais encore on lui mettra une boule d'eau chaude et on chauffera la pièce jusqu'à une température de 16 à 18°. Lorsqu'on transporte des enfants très jeunes à bras ou en voiture par les intempéries et par le froid, ils peuvent contracter des broncho-pneumonies mortelles.

Durant les chaleurs de l'été, si l'on surcharge les nourrissons de vêtements de laine et surtout s'ils sont emmaillotés, on voit survenir des éruptions à la peau causées par la sueur. Des bains amidonnés sont alors très utiles. Il faudra donc vêtir les bébés plus légèrement.

II

Le berceau.

Le berceau varie suivant les divers pays ; il est bon qu'il soit muni de petits rideaux pour éviter les courants d'air et pour abriter l'enfant contre les insectes.

Le petit matelas de crin ou de balle d'avoine sera recouvert d'un tissu imperméable pour empêcher qu'il ne soit atteint par les urines.

On ne doit pas bercer les enfants ; ces secousses prolongées peuvent troubler la digestion et provoquer le vomissement.

Par contre, il sera bon de tenir, de temps à autre, les enfants dans les bras, pour qu'ils ne restent pas toujours gisants dans le berceau. On couchera de préférence l'enfant sur le côté plutôt que sur le dos, au cas où il régurgiterait du lait ; mais si on le place toujours sur le même côté, la tête se déforme un peu, parce que les os sont mous et se laissent déprimer par le poids de la tête. On devra donc coucher le bébé alternativement d'un côté, puis de l'autre.

Déjà, dans les premiers temps de la vie, on reconnaît des différences dans le tempérament des enfants ; les uns sont calmes, les autres nerveux, criards, agités, ont le sommeil troublé, etc. En général il est bon de leur faire faire un somme de deux heures l'après-midi, même après le sevrage.

III

Les premiers pas.

C'est à douze ou treize mois que les bébés bien soignés commencent généralement à faire leurs premiers pas ; ils se dressent d'abord dans leur berceau et ils cherchent à se tenir debout contre les murs et les chaises en s'appuyant avec leurs petites mains. Il faut les surveiller de près dans leurs premières tentatives pour marcher. S'ils tombent, ils se font des bosses à la tête et n'osent plus, pendant plusieurs semaines quelquefois, se lâcher seuls.

C'est que déjà leur mémoire et leur intelligence commencent à s'éveiller, ils reconnaissent toutes les personnes de l'entourage ; ils appellent papa, maman ; dans le courant de la deuxième année, ils se familiarisent l'oreille avec le langage articulé, mais ils comprennent le sens des mots bien avant de pouvoir les prononcer eux-mêmes. A deux ans, bon nombre d'enfants ont déjà un petit vocabulaire et les filles sont souvent plus précoces que les garçons.

Il ne faut pas mettre les petits enfants à table : ils réclament avec des cris les mets et les boissons qu'ils voient prendre à leurs parents ; on cède pour avoir la paix : de là, bien des troubles digestifs.

TABLE DES MATIÈRES

www.ingramcontent.com/pod-product-compliance
Lightning Source LLC
Chambersburg PA
CBHW061416060726
47597CB00003B/1069